MONOGRAPHIE
DES RUBUS

QUI CROISSENT NATUREL[LEMENT]

AUX ENVIRONS DE

PAR

LE DOCTEUR GODRON,

Professeur adjoint à l'Ecole secondaire de Médecine de Nancy, Conservateur des collections d'histoire naturelle de la même ville, Membre de la Société royale des Sciences, Lettres et Arts, de la Société médicale et de la Société centrale d'Agriculture de Nancy, Correspondant de la Société philomathique de Verdun, de la Société d'Émulation du Doubs et de la Société botanique de Ratisbonne.

NANCY,

GRIMBLOT, RAYBOIS ET Cie, IMPRIMEURS-LIBRAIRES,
PLACE STANISLAS, 7, ET RUE SAINT-DIZIER, 125.

—

1843.

MONOGRAPHIE
DES RUBUS

QUI CROISSENT NATURELLEMENT

AUX ENVIRONS DE NANCY,

PAR

LE DOCTEUR GODRON,

Professeur adjoint à l'Ecole secondaire de Médecine de Nancy, Conservateur des collections d'histoire naturelle de la même ville, Membre de la Société royale des Sciences, Lettres et Arts, de la Société médicale et de la Société centrale d'Agriculture de Nancy, Correspondant de la Société philomathique de Verdun, de la Société d'Émulatiou du Doubs et de la Société botanique de Ratisbonne.

NANCY,

GRIMBLOT, RAYBOIS ET Ci•, IMPRIMEURS-LIBRAIRES,
PLACE STANISLAS, 7, ET RUE SAINT-DIZIER, 125.

1843.

MONOGRAPHIE

DES RUBUS

QUI CROISSENT NATURELLEMENT

AUX ENVIRONS DE NANCY;

AVANT—PROPOS.

Les botanistes anciens semblent s'être bien peu occupés du genre *Rubus*, du moins si nous en jugeons par le petit nombre d'espèces qu'ils ont décrites. Linné, qui a recueilli leurs travaux et y a réuni les siens, ne mentionne, dans ses différents ouvrages, que six espèces de *Rubus*, appartenant à la flore d'Europe : ce sont les *Rubus idæus, cæsius, fruticosus, saxatilis, arcticus* et *Chamæmorus*. C'est à peine si, jusqu'au commencement de ce siècle, les botanistes qui sont venus après le célèbre auteur du système sexuel, en ont ajouté quelques-uns à cette liste si restreinte.

Cependant, si l'on observe avec soin les *Rubus* qui peuplent les haies, couvrent les lieux incultes, ou habitent les forêts, on ne tarde pas à s'apercevoir qu'un plus grand nombre de formes bien constantes se présente toujours à l'œil avec un port bien distinct, bien tranché.

1

D'où vient donc l'oubli, dont ce genre intéressant a été l'objet jusqu'au commencement de ce siècle, de la part des savants, qui ont observé et décrit avec soin tant de richesses végétales découvertes dans les différentes contrées du globe, tandis que les *Rubus* s'offraient d'eux-mêmes à l'observation de tous ? Cela tient-il à ce qu'ils n'ont étudié ces plantes que dans les herbiers et sur des fragments incomplets, tels qu'on en trouve encore aujourd'hui dans la plupart des collections ? Ou bien cela ne dépendrait-il pas plutôt de ce qu'ayant cherché des caractères dans la forme, dans la couleur, dans le vestimentum des feuilles, ils n'ont pas trouvé là de signes constants et par conséquent spécifiques ? C'était sur le vif et dans leur lieu natal qu'il fallait étudier les *Rubus ;* et, si les feuilles ne fournissaient pas de caractères suffisants, c'est dans les autres organes de ces végétaux qu'on devait les chercher. Puisqu'ils diffèrent singulièrement par leur port, on pouvait en conclure *à priori* l'existence de ces caractères distinctifs.

C'est, sans aucun doute, cette dernière considération qui a excité l'ardeur, les investigations laborieuses des botanistes allemands et suédois, et a été l'origine des nombreux travaux sur le genre *Rubus,* que l'Allemagne et la Suède ont produits depuis vingt ans. Nous citerons parmi les principaux : les *Rubi Germanici* de Weihe et Nees ab Esenbeck, monographie dans laquelle toutes les espèces, admises par ces auteurs, sont figurées ; les *Schedulæ criticæ* de Wallroth ; le *Prodromus Floræ Monas-*

teriensis de Bónninghausen; la *Flora Silesiæ* de Wimmer et Grabowski ; la *Flora Germanica excursoria* de Reichenbach ; le *Compendium Floræ Belgicæ* de Lejeune et Courtois ; la *Flora Lipsiensis* de Petermann ; le *Novitiarum Floræ Sueciæ mantissa altera* de Fries ; la *Flora Gothoburgensis* de Wahlberg ; et enfin, la *Monographia Ruborum Sueciæ* d'Arrhenius.

Tant de travaux, publiés par les botanistes d'outre Rhin, auraient dû exciter l'émulation dans les pays voisins. Cependant personne en France ne semble s'être occupé d'une manière sérieuse du genre *Rubus*. Mais il faut bien l'avouer, malgré le mérite qu'ont eu les botanistes allemands de donner l'impulsion, leurs premiers écrits, et principalement ceux de Weihe, Nees et Reichenbach, ont peut-être contribué à entretenir chez nous l'indifférence qui a régné relativement à ce genre difficile. C'est qu'en effet la marche suivie par ces auteurs nous paraît peu rationnelle et les a entraînés à multiplier, outre mesure, le nombre des espéces. C'est dans le vestimentum des tiges et des feuilles, dans la couleur de ces derniéres, qu'ils ont cherché non-seulement les caractères spécifiques principaux, mais même la base de leur division du genre *Rubus;* la forme des folioles leur a fourni les caractères secondaires. Or, tout cela est variable dans les végétaux qui nous occupent. Les tiges peuvent, dans la même espéce, se trouver glabres, velues ou glanduleuses, et, chose remarquable, Weihe et Nees ne devaient pas l'ignorer, puisque au sujet du *Ru-*

bus cæsius, ils s'expriment ainsi sur les tiges : *Pili et glandulæ non nisi in varietatibus quibusdam obviam occurrunt* (l. c., p. 105.) ; puisqu'ils avouent que, dans le *Rubus vulgaris,* les poils des tiges, qui selon eux caractérisent cette espèce, peuvent manquer presque entièrement, lorsqu'il végète au soleil (l. c., p. 38). Nees, dans la nouvelle édition du *Compendium Floræ Germaniæ* de **Bluff** et **Fingerhuth**, a été contraint, pour ne pas choquer des rapports naturels, d'admettre dans sa division des *Rubi eglandulosi,* une subdivision de *Rubi glandulosi !* Nous ferons connaître dans la suite de ce Mémoire beaucoup d'exemples qui prouvent l'inconstance des signes diagnostiques, tirés des poils et des glandes. Ainsi on ne peut admettre la division de ce genre en *Rubi glabri, villosi* et *glandulosi.* Les subdivisions en *Rubi virentes* et *candicantes,* suivant que les feuilles sont vertes ou blanches en dessous, ne sont pas mieux fondées, puisqu'on rencontre souvent dans la même espèce ces deux états des feuilles ; ce que **Weihe** , **Nees** et **Reichenbach** avouent du reste pour le *Rubus cæsius* et le *Rubus dumetorum.* Il y a plus ; c'est que fréquemment, sur un même pied, sur un même rameau, on rencontre à la fois des feuilles blanches et des feuilles vertes en dessous.

Lejeune et **Courtois,** **Bönninghausen,** **Petermann** ont suivi les errements des auteurs précités. Mais il n'en est plus de même de **Wimmer** et de la plupart des Suédois ; **Arrhenius,** surtout, nous semble avoir fixé avec rigueur quelques-uns des principaux caractères qui doivent définitivement servir à établir et à distinguer les véritables espèces de *Rubus*. Son ouvrage, fort peu connu en France, nous a beaucoup servi, et bien que nous ne puissions admettre en tout point ses opinions sur la valeur de certains caractères qu'il considère comme spécifiques, la coloration des styles, par exemple, nous devons cependant reconnaître que la lecture de son ouvrage a beaucoup contribué à dissiper dans notre esprit l'incertitude sur la spécificité des *Rubus* qu'y avaient jetée les travaux de Weihe, Nees et Reichenbach.

A l'exemple de l'auteur de la Monographie des *Rubus* de la Suède, nous allons faire connaître succinctement où nous avons puisé les caractères spécifiques, sur lesquels nous avons établi les espèces que nous décrirons dans ce travail.

I. TIGE FOLIIFÈRE (*Surculus sterilis* Weih. et N. ; *Caulis foliiferus* Lej. ; *Caulis sterilis* Arrhen. ; *Turio* Rchb.): nous donnons cette dénomination à la tige qui s'est développée depuis le dernier printemps, ne porte que des feuilles, et doit donner des fleurs seulement la seconde année de son existence ; après quoi, elle périt. Cette tige fournit d'excellents caractères spécifiques, et l'on doit considérer comme tels :

1° SA CONSISTANCE : elle est herbacée (*Rubus saxatilis*) ou frutescente (*Rubus idæus*).

2° SA FORME : tantôt elle est régulière, depuis la base jusqu'au sommet, et se présente arrondie (*teres*), ou à cinq angles (*angulatus*), avec les faces planes dans certaines espèces, excavées dans d'autres (*angulato-canaliculatus*) ; tantôt, au contraire, elle est irrégulière, constamment arrondie à la base, anguleuse avec les faces convexes au milieu (*angulato-rotundatus*) , anguleuses à faces planes ou canaliculées au sommet. Il faut donc, dans les *Rubus*, considérer cette tige à la base, au milieu, au sommet, et en recueillir pour l'herbier des fragments appartenant à ces différents points de sa longueur.

3° SA DIRECTION : elle est dressée (*erectus*) ; se courbe en arc, à partir de sa base (*arcuato-decumbens*), de manière à toucher le sol par son extrémité qui souvent prend racine, ou bien elle est tout-à-fait couchée (*procumbens*). La direction des tiges, très-bon caractère spécifique dans beaucoup de plantes, l'est également dans les *Rubus* ; mais, pour qu'elle n'induise pas en erreur, nous devons prévenir qu'il faut la considérer dans les individus qui croissent isolément, sans être gênés dans leur développement par des arbustes voisins. Aussi, lorsque les espèces, habituellement couchées, végètent au milieu de buissons épais, elles se soutiennent sur les rameaux et prennent la direction dans laquelle elles peuvent trouver plus facilement de l'air et de la lumière.

4° SES AIGUILLONS : ils sont uniformes (*conformes*), ou leur forme n'est pas la même dans toute la longueur des tiges (*multiformes*).Ainsi dans certaines espéces on les trouve constamment droits à la base de la tige (*recti*), courbés en faulx au milieu (*falcati*), crochus au sommet (*adunci*). Ils sont en outre égaux en longueur (*æquales*), considérés entre les points d'insertion de deux feuilles voisines ; ou bien ils sont inégaux (*inæquales*). Leur nombre et leur grosseur varient au contraire suivant les conditions de végétation où ces plantes se trouvent placées.

5° SES FEUILLES : elles sont entières (*Rubus Chamœmorus*), digitées (*Rubus thyrsoideus*), ou pinnées (*Rubus idæus*). Les feuilles digitées ont constamment dans quelques espèces trois folioles(*Rubus saxatilis, Rubus cæsius*); dans d'autres, les feuilles à cinq folioles dominent. Dans les *Rubus* à feuilles digitées, il peut arriver que la foliole supérieure se divise en trois folioles secondaires, et que la feuille paraisse ainsi pinnée. Nous avons souvent trouvé cette disposition, mais sur quelques feuilles seulement, dans le *Rubus fruticosus* et le *Rubus dumetorum.*On reconnaîtra facilement cette anomalie à ce que les quatre folioles inférieures s'insèrent toujours au même point du pétiole commun, ce qui n'a pas lieu dans les feuilles réellement pinnées.

6° LES STIPULES : elles sont insérées sur les tiges (*caulinæ*), ou sur les pétioles à une distance notable de la tige (*petiolares*).

7° Enfin les tiges foliifères peuvent être ou n'être pas couvertes d'une poussière glauque.

II. TIGE FLORIFÈRE (*Caulis fertilis auct.*) : elle n'est pas autre chose que la tige précédente parvenue à la seconde année de son développement, et fournit les mêmes caractéres, mais en outre on en trouve dans :

1° LES RAMEAUX : ils sont dressés, tous dirigés du même côté (*Rubus thyrsoideus*), ou étalés horizontalement et distiques (*Rubus fruticosus*) ; leurs feuilles sont toujours ternées dans certaines espéces (*Rubus discolor*), les inférieures toujours quinées dans d'autres (*Rubus thyrsoideus*).

2° L'INFLORESCENCE : elle est en corymbe, en grappe, en thyrse ; les rameaux et les pédoncules sont dressés, étalés, divariqués, ou penchés.

3° LES CALICES : leurs divisions sont réfléchies, étalées ou appliquées sur les fruits au moment de la maturation.

4° LES PÉTALES : leur forme fournit des caractéres importants.

5° LES FRUITS : ils sont glabres (*Rubus dumetorum*), couverts d'une poussière glauque (*Rubus cæsius*) ou velus (*Rubus idæus*). Les grains qui les composent (*acini*) se séparent du réceptacle (*Rubus idæus*), ou font corps avec lui (*Rubus discolor*). Le réceptacle est saillant en forme de colonne (*Rubus idæus*), ou disposé en disque (*Rubus saxatilis*, *Rubus odoratus*).

6° LES SEMENCES : leur forme et leur grosseur donnent quelques caractéres saillants.

MONOGRAPHIE

DES RUBUS DES ENVIRONS DE NANCY.

RUBUS *Lin. gen.,* n° 632.

CHARACTERES GENERICI.—Calyx quinquefidus, planiusculus, persistens, ab ovariis discretus ; petala quin-
que et stamina indefinita calyci inserta ; carpella drupa-
cea, supra torum manifeste protuberantem, in baccam
spuriam capitata.

DIV. I. HERBACEI.— *Stipulæ ovatæ, caulinæ; torus
in discum orbiculatum dilatatus.*

1. **RUBUS SAXATILIS** *Lin. Fl. Suec. ed.* 2ª, n° 447.

R. floribus summis subumbellatis; acinis paucis ,
discretis ; toro discoideo ; caule foliifero herbaceo prostrato.

Frutex humilis, herbaceus. Caulis foliiferus elongato-
flagelliformis , prostratus, sæpe apice radicans, pilosus ,
angulatus, aciculis setaceis rectis exasperatus, et versus
basin squamis plurimis, fuscis, sparsis, amplexicaulibus
munitus ; folia omnia ternata , mollia, utrinque pallide
viridia , subtus pubescentia ; foliola subrhumboidea,
acuta, lateralia subsessilia ; petiolus communis paulisper

canaliculatus, subinermis; stipulæ ovatæ, amplexi-
caules, petiolo adnatæ. — Caulis floriferus frigore
hiemali fere usque ad basin necatur, sed ex parte bre-
vissima superstite unus alterve ramus erectus, simplex,
subinermis emittitur; 3-6 flores terminales, subum-
bellati; sæpe pauci solitarii ex axillis foliorum superio-
rum insuper oriuntur; pedunculi breves, erecto-patuli;
calycis segmenta lanceolato-acuminata, fructu maturescente erecta, maturo reflexa; petala parva, erecta, li-
neari-oblonga; mora ex acinis paucis, magnis, turgidis,
rubris, nitidis, discretis formata; semina semi-orbiculata,
omnium maxima. — Flores albi; fructus insipidi.

Hab. in sylvis montanis umbrosis (Bois de Boudonville, Fonds
de Toul, tranchée de Laxou, etc.). Fl. maio junioque.

DIV. II. FRUTESCENTES. — *Stipulæ lineares, petio-lares; torus in columnam conicam elevatus.*

§ *I.* FRUTICOSI VERI.—*Folia ter-quinata; acini subdiscreti,
in toro adhærentes.*

A. *Caules rotundati vel rotundato—angulati, faciebus
convexis.*

α *Foliolis inferioribus sessilibus.*

2. RUBUS CÆSIUS *Lin. Fl. Suec. ed.* 2ª, *n°* 445.

R. racemo simplice, subfastigiato; calyce fructui adpresso; acinis turgidis, rore cæsio adspersis; caule fo—

liifero prostrato, tereti, cæsio-pruinoso; foliis omnibus ternatis.

A *Mollis Nob.* — Foliis mollibus, planis, viridibus.

α *Umbrosus Wallr. Sched. crit.* 220. Foliolo extimo ovato, basi subcordato.

β *Parvifolius Wallr. l. c.* Foliolis minoribus, basi cuneatis, sæpe incisis.

γ *Pseudosaxatilis Nob.* Forma præcedens, sed pygmæa; caule (ramo) florifero erecto, subinermi, *R. saxatilem* referente.

B *Rugulosus Nob.* — Foliis coriaceis, irregulariter plicatis.

α *Agrestis Weih. et N. Rub. Germ., p.* 106, *tab.* 46, *A fig.* 2. Foliolis subrotundis, subtus velutino-villosis.

β *Pseudocæsius Weih. et N. l. c.* Foliolis ovalibus, subtus cano-tomentosis.

γ *Ferox Weih. et N. l. c. tab.* 46, *C fig.* 2. Eadem ac præcedente forma, sed caule foliifero, simul et racemo, aculeis crebris horrido. *R. ferox Vest in Trattin. Monog. rosac. T.* 5, *p.* 40.

Caulis foliiferus longe lateque serpens, gracilis, teres, aculeis multiformibus armatus; aculeis nempe infirmibus, subsetaceis, rectis, sed versus apicem flagellorum valde aduncis; folia omnia ternata, varie vestita; foliola rhumbea vel ovata, acuta vel acuminata, lateralia subsessilia; petiolus communis eximie canaliculatus, aciculis rectiusculis parce armatus; stipulæ petiolares, basi attenuatæ. — Caulis floriferus prostratus, rarius suberectus (*in A var.* γ *pseudosaxatilis*); rami erecti, subteretes, graciles; racemus pauciflorus, simpliciusculus; pedunculi elongati, erecti, subfastigiati; calycis segmenta ovata, longe acuminata, extus e viridi–cinerascentia, glandulosa vel glandulis destituta, fructui maturescenti adpressa; petala irregulariter rugulosa, ovalia, emarginata; mora ex acinis paucis, magnis, turgidis, rore denso cæsio adspersis formata; semina angusta, lunulato-curvula. — Flores albi, rarius rosei; fructus debilius aciduli.

Hab. ad muros, in sæpibus, in campis aridis vulgatior. Fl. junio julioque.

Rem. La forme *pseudosaxatilis* a reçu ce nom à cause de sa grande ressemblance avec l'espèce précédente. Si la tige florifère est dressée, cela vient de ce que cette tige n'est réellement qu'un rameau qui naît de la base de la tige foliifère détruite pendant l'hiver. Cette forme ne se rencontre que dans les bois ombragés.

5. Rubus dumetorum *Weih. et N. Rub. Germ., p.* 98.

R. racemo plerumque composito, ramis corymbosis; calycis segmentis fructu maturescente patulis; acinis turgidis, nitidis; caule foliifero arcuato-decumbente, cæsio-pruinoso, ad basin tereti, dein rotundato-angulato; foliis quinatis.

Syn. *R. corylifolius Wallr. Sched. crit.* 230.

A *Genuinus Nob.* — **Foliolo extimo (foliorum caulis foliiferi) orbiculato, cordato, abrupte acuminato; petiolo crasso , superne planiusculo ; caule et armis validis.**

α *Glabratus Bluff et Fing.*, *t.* 1., 2ₐ *p., p.* 191. **Foliis subcoriaceis, plicatis , utrinque viridi- bus, subtus molliter villosis.** *R. plicatus Hol. Fl. de la Moselle* 1ʳᵉ *éd. p.* 265 !

β *Ferox Weih. et N., p.*101,*tab.*45.*B.*Eadem forma **ac præcedente; sed racemo ampliore, cum pedunculis aculeis crebris horrido.** *R. ferox Bönning. Prod. Fl. monast.* 637).

γ *Pilosus Bluff et Fing. l. c.* **Foliis mollibus, utrinque viridibus et pilosis; forma umbrosa.**

δ *Tomentosus Weih. et N., p.* 101, *tab.* 45, A *fig.*2. **Foliis coriaceis, rugulosis, subtus albo-tomento- sis.** *R. bifrons Vest in Trattin. Monog. rosac.*

B *Glandulosus Wallr. Sched. crit., p.* 251. —**Foliolo extimo rotundato, cordato, acuminato ; caule foliifero graciliori, aculeis infirmibus crebris , glandulis subsessilibus et setulis glanduliferis, ut tota planta , vestito ; frutice humiliori.**

α *Viridis Nob.* **Foliis mollibus, utrinque viridi- bus, subtus pubescentibus.** *R. cæsius* ε *his- pidus Weih. et N., p.* 106. *tab.* 46 *C.*

β *Canus Wallr. l. c.* **Foliis coriaceis, utrinque cano-tomentosis.**

C *Sylvestris Nob.* — **Foliis mollibus, planis, pallide**

viridibus ; superioribus subtus cinerascentibus ; foliolo extimo ovato , basi rotundata integro , sensim acuminato ; caule et armis infirmibus ; petiolo gracili , canaliculato.

Monstroso-pinnatus.

D *Cuneatus Nob*. — Foliis subcoriaceis , superne villosulis, subtus tomentosis , pallide cinerascentibus ; foliolis omnibus oblongo-obovatis , basi cuneatis ; racemo angusto, elongato, apice nutante.

Frutex valde polymorphus. Caulis foliiferus arcuatodecumbens , ad radicem subteres , dein usque ad apicem rotundato-obtusangulatus , aculeis multiformibus eximie armatus ; aculeis nempe inæqualibus , validis , pungentibus , e basi lata compressa conicis , rectis , sed versus apices caulium falcatis, haud aduncis; folia quinata, varie vestita ; foliolis lateralibus sessilibus ; petiolus communis plerumque validus et supra planiusculus (in var. C conspicue canaliculatus), aculeis aduncis crebre armatus ; stipulæ petiolares , ovali-lanceolatæ, basi attenuatæ. — Caulis floriferus cauli foliifero conformis ; rami erecti, subangulati , foliis ramealibus mediis sæpe quinatis ; racemus plerumque compositus, ramis erectopatulis apice corymbosis ; calycis segmenta ovato-acuminata, extus e viridi-cinerascentia , glandulosa et aciculata , vel glandulis et aciculis destituta , fructu maturescente patula ; petala irregulariter rugulosa , subrotunda

vel ovato-rotundata, emarginata ; mora magna , globosa,
ex acinis turgidis,nigris,nitidis, haud pruinosis, formata;
semina semi-orbiculata. — Flores magni, albi , rarius
rosei; fructus acidi.

Hab. ubique stirps vulgatissima ; var. A in sæpibus ; var. B in
sylvis planitiei (Bois de Tomblaine) ; var. C ad oras sylvarum mon-
tosarum (Bois de Boudonville , de Champigneules , etc.) ; var. D
semel apud nos legit Suard. Fl. julio augustoque.

Rem. 1. — Cette espèce est généralement plus robuste que la
précédente; ses tiges sont plus épaisses, ses aiguillons plus forts ;
la baie est plus grosse , ce qui vient de ce que les ovaires se déve-
loppent tous , tandis que dans le *Rubus cæsius* la plupart d'entre
eux avortent.

Rem. 2. — Weihe et Nees n'ont rapporté qu'avec doute notre
var. *glandulosus* au *Rubus cæsius,* parce qu'ils n'en avaient pas vu
les fruits ; mais ces fruits sont absolument les mêmes que dans le
Rubus dumetorum; les feuilles des tiges foliifères sont souvent quinées , et les tiges, quoique grêles , sont cependant anguleuses au
sommet.Or, tous ces caractères appartiennent au *Rubus dumetorum*
et non au *Rubus cæsius.*

Rem. 3. — Je n'ose affirmer que notre var. *A genuinus* α
glabratus soit le *Rubus corylifolius* de Smith, bien que la description donnée par cet auteur (*Fl. Britan.* p. 542) semble s'y rap-
porter. Arrhenius en fait une espèce distincte.

(16)

4. Rubus Wahlbergii *Arrh. Monog.* 43.

R. racemo composito, ramis divaricatis; petalis obovatis; calyce post anthesin reflexo; caule foliifero arcuato-decumbente, glabro, basi subtereti, dein rotun-
dato-obtusangulato, apice vero angulato-canaliculato;
aculeis multiformibus, foliis quinatis.

> **Syn.** *R. corylifolius var.* β *intermedius Wahlb.*
> *Fl. Gothob., p.* 57 *; R. fruticosus var. C in-*
> *termedius Hol. Fl. de la Moselle, supp., p.* 58
> (*ex specim. authent.*).

Caulis foliiferus validus, glaber, atro-rubens, arcuato-
decumbens, ad radicem subteres, dein rotundato-obtusangulatus, versus apicem augulato-canaliculatus, aculeis multiformibus eximie armatus; aculeis nempe inæqualibus, validissimis, pungentibus, e basi lata compressa
conicis, rectis curvulisve, sed versus apicem ramorum
semper falcatis; folia quinata, coriacea, supra glabriuscula, subtus sericeo-villosa, viridia vel canescentia;
foliolo extimo orbiculato, abrupte longeque acuminato,
basi subcordato; lateralibus sat longe petiolulatis; petiolus communis supra planiusculus, aculeis validis aduncis crebre armatus; stipulæ petiolares, anguste lineares.
—Caulis floriferus ramosissimus, cæterum cauli foliifero
conformis; rami elongati, validi, rotundato-angulati,

erecti, foliis ramealibus inferioribus quinatis; racemus compositus, compactus, elongatus, nigro-glandulosus, ramis pedunculisque divaricatis; calycis segmenta lanceolato-acuminata, fructu maturescente reflexa; petala irregulariter rugulosa, obovata, basi attenuata, ciliata, apice denticulata; mora magna, ovata, ex acinis numerosis, ovalibus, nigris, nitidis formata; semina semiorbiculata, dorso gibbosa.—Flores magni, rosei; « fructus acidi. » *Arrh.*

Unice huc usque inveni in sæpibus prope *la Malgrange.*

Rem.—Nous avons rapporté cette plante au *Rubus Wahlbergii,* bien que la description d'Arrhenius ne cadre pas en tout point avec la nôtre. Mais nous avons pour nous l'autorité de M. Wahlberg, dont Arrhenius cite comme synonyme le *Rubus corylifolius var. intermedius,* d'après l'examen qu'il a fait d'échantillons authentiques. Or, nous avons vu dans l'herbier de M. Holandre un échantillon recueilli aux environs de Metz, que M. Wahlberg a reconnu pour son *Rubus intermedius,* et qui est tout à fait conforme au nôtre.

5. **Rubus vestitus** *Weih. et N., p.* 81, *tab.* 33.

R. racemo composito, ramis divaricatis; petalis rotundatis; calyce post anthesin reflexo; caule foliifero arcuato-decumbente, dense villoso, æqualiter angulato-rotundato; aculeis conformibus; foliis quinatis.

Syn. *R. vinetorum Hol. Fl. de la Moselle,* 1ʳᵉ *éd., p.* 267 (*ex spec. auth.*).

α *Genuinus Nob.* Foliis supra glabriusculis, subtus tomento micante tectis.

2

β *Courtoisianus Nob.* **Foliis utrinque tomento micante vestitis. R. *courtoisianus Lej.Comp. Fl. Belg.***

Caulis foliiferus dense strigoso-villosus, glandulis sessilibus inspersus, sub umbra cinerascens, sub sole fuscescens, arcuato-decumbens, tenuiter striatus, a basi ad apicem æqualiter angulato-rotundatus, aculeis conformibus armatus; aculeis nempe inæqualibus, sat validis, e basi lata compressa abrupte conicis, omnibus rectis sed paulisper inclinatis; folia quinata vel quinato-pedata, coriacea, subtus candicantia, rarius viridia; foliolo extimo rotundato cordato et abrupte acuminato; lateralibus petiolulatis; petiolus communis supra planiusculus, strigoso-villosus, aculeis multiformibus rectiusculis, falcatis aduncisve armatus; stipulæ petiolares, anguste lineares. — Caulis floriferus conformis; rami elongati, angulati, erecti, aculeis validis rectis-inclinatis, superioribus valde elongatis, crebre armati; foliis ramealibus ternatis, superiore uno vel duobus simplicibus; racemus compositus, compactus, elongatus, ramis pedunculisque divaricatis; calycis segmenta ovata, breviter cuspidata, extus aculeolata glandulosaque, fructu maturescente reflexa; petala apice plicatula, rotundata, abrupte et breviter unguiculata, ciliata, integra; mora magna, ovata, ex acinis numerosis, obovatis, nigris, nitidis formata; semina semi-orbiculata.— Flores magni, rosei vel albidi; fructus sapidissimi, aciduli.

Hab. haud rarus in sæpibus (la Malgrange), in vinetis (Boudonville , Turique , Malzéville), necnon in sylvis montanis (forêt de
Haie). Fl. junio julioque.

6. Rubus lejeunii *Weih. et N. p.* 79, *tab.* 34.

R. racemo composito, ramis divaricatis ; petalis anguste obovatis, basi attenuatis ; calyce post anthesin reflexo ; caule foliifero arcuato – decumbente, patenter
villoso, setulis glanduliferis confertis glandulisque sessilibus munito , æqualiter angulato-rotundato ; aculeis
conformibus ; foliis quinato-pedatis.

Frutex elegans. Caulis foliiferus patenter villosus,
crebre glandulosus, cinerascens , arcuato-decumbens,
tenuiter striatus , a basi ad apicem æqualiter angulato-
rotundatus, aculeis conformibus armatus ; aculeis nempe
valde inæqualibus, crebris, e basi lata compressa conicis,
omnibus rectis sed paulisper inclinatis ; folia quinato-
pedata , subcoriacea, superne glabra , subtus sericeo-
villosa, pallide viridia ; foliolo extimo ovali-rotundato,
cordato, abrupte acuminato ; lateralibus petiolulatis ;
petiolus communis supra planiusculus, patenter villosus, aculeis conformibus falcatis setulisque glanduliferis armatus ; stipulæ petiolares, lineari-lanceolatæ.
— Caulis floriferus conformis ; rami elongati, rotundato-
angulati, erecti, pilis, aciculis, setulis glanduliferis et
aculeis inæqualibus rectis-inclinatis crebre vestiti ; foliis
ramealibus ternatis, rarius quinatis ; racemus compositus,
compactus, amplus, ramis elongatis pedunculisque

divaricatis; calycis segmenta lanceolato-cuspidata, extus crebre aculeolata glandulosaque, fructu maturescente reflexa; petala apice plicatula erosaque, anguste obovata, basi attenuata; mora globosa, ex acinis numerosis, nigris, nitidis, glabris formata; semina semi-orbiculata. — Flores speciosi, rosei; fructus ingrati, acidi.

Unico loco huc usque inveni prope *la Malgrange*. Fl. julio.

REM. 1.— Cette espèce est très-voisine de la précédente; mais elle s'en distingue certainement comme espèce à la forme de ses pétales; à ses folioles plus allongées, velues, mais jamais tomenteuses et blanches en dessous; aux aiguillons bien plus nombreux, bien plus inégaux; aux sétules glanduleuses qui recouvrent les tiges.

REM. 2. — Weihe et Nees placent cette espèce parmi les *Rubi candicantes* et disent cependant des feuilles *pallide viridibus !*

7. RUBUS GLANDULOSUS *Bell. app. in Fl. Pedem.* 24.

R. racemo composito, ramis patentibus; petalis oblongis, basi attenuatis; calyce post anthesin reflexo, fructu maturescente patulo; caule foliifero procumbente, æqualiter tereti, pilis, setulis glanduliferis aculeisque conformibus setaceis vestito; foliis omnibus ternatis.

SYN. *R. hybridus Vill. Delph. t.* 3, *p.* 559 (*ex spec. auth.*); *R. Bellardi Weih. et N., p.* 97, *tab.* 44; *R. hirtus Rchb. Fl. exc. p.* 607.

α *Genuinus Nob.* Foliis coriaceis, saturate viridibus, glabriusculis.

β *Umbrosus Nob.* Foliis mollibus, pallide viridibus, subtus villosulis. *R. Guntheri Weih. et
N. p.* 63. *tab.* 21; *R. hirtus Waldst. et Kit. Pl.
r. Hung. tab.* 141!

γ *Scaber Nob.* Foliis mollibus, pallide viridibus,
utrinque villosis ; racemo densius aculeolato
quam in præcedentibus. *R. scaber Weih.
et N., p.* 80. *tab.* 52.

Caulis foliiferus patenter villosus, crebre glandulosus,
viridi-cinerascens, valde elongatus, prostratus, apice
sæpe radicans, tenuiter striatus, a basi ad apicem exacte
teres, aculeis conformibus armatus ; aculeis nempe inæqualibus, debilioribus, crebris, e basi latiuscula abrupte
setaceo-conicis, omnibus rectis-inclinatis ; folia omnia
ternata, subtus venis elevatis eximie reticulata; foliolo
extimo elliptico, basi subcordato, ad apicem rotunda-
tum abrupte acuminato, lateralibus petiolulatis; petiolus
communis supra planiusculus, aculeolis conformibus setaceis rectiusculis, pilis patentibus setulisque glanduliferis obtectus ; stipulæ petiolares, breves, anguste lineares. — Caulis floriferus cauli foliifero similis, sed sæpe
frigore hiemali correptus perit et a basi superstite ramos profert; rami elongati, rotundato-angulati, erecti,
pilis, aciculis et glandulis obtecti ; foliis ramealibus
magnis ; racemus compositus, ramis pedunculisque patentibus ; calycis segmenta lanceolata, longe cuspidata ,

cxtus crebre aculeata glandulosaque , margine cano-
tomentosa, fructu maturescente patula erectave ; petala
plana, remota, oblonga, emarginata, basi attenuata ;
mora mediocris, ovato-globosa, ex acinis numerosis, nigris, nitidis, glabris formata ; semina semi-orbiculata.—
Flores albi ; fructus sapidissimi acidulo-dulces.

Hab. var. α et γ in sylvis montanis prope *Sarrebourg* ; var. β
prope Nanceium (Forêt de Haie; route Anne Verjus). Fl. julio.

8. RUBUS HIRTUS *Weih. et N. tab.* 43, *non Waldst. et Kit.*

R. racemo composito, ramis erecto-patentibus ; petalis
anguste ellipticis ; calyce post anthesin reflexo ; caule
foliifero procumbente, glabro vel piloso, setulis glanduliferis munito, inferne tereti, superne angulato ; aculeis
multiformibus ; foliis ternatis, rarius quinato-pedatis.

SYN. *R. glandulosus Rchb. Fl. exc., p.* 607.

α *Genuinus Nob.* Foliis coriaceis, superioribus sæpe
subtus cano vel cinereo-tomentosis ; foliolo
extimo semper cordato.

β *Thyrsiflorus Nob.* Frutex validior ; racemo elongato, compacto, thyrsoideo. *R. thyrsiflorus
Weih. et N., p.* 83, *tab.* 34.

γ *Foliosus Nob.* Foliis mollibus, magnis, utrinque viridibus ; foliolo extimo cordato ; racemo
amplo, ramis valde elongatis, foliosis , apice
corymbosis ; forma umbrosa. *R. Kœhleri
Weih. et N., p.* 71. *tab.* 25 ?

(25)

ẟ *Elegans Nob.* Foliis mollibus, utrinque læte vi-
riribus; foliolo extimo basi rotundato; racemo
laxo, paucifloro; floribus amœne carneis; stirps
humilior, gracilis. *R. Sprengelii Weih. et N.,*
p. 32. *tab.* 10?

Caulis foliiferus nunc omnino glaber, nunc pilis patentibus vestitus, crebro glandulosus, viridi-cinerascens
vel sub sole rubens, prostratus, tenuiter striatus, e basi
tereti eximie angulatus, aculeis multiformibus armatus;
aculeis nempe valde inæqualibus, debilibus validisque,
sat crebris, e basi lata anguste conicis, inferioribus rectis-
inclinatis, superioribus falcatis vel aduncis; folia grosse
serrata, sub sole irregulariter plicatula, superne glabra,
subtus villosa, vel rarius cano-tomentosa; foliolo extimo
ovato, apice longe acuminato, sed non abrupte, lateralibus petiolulatis; petiolus communis supra planiusculus,
aculeis multiformibus rectis, falcatis aduncisve et setulis
glanduliferis armatus; stipulæ petiolares, breves, anguste
lineares. — Caulis floriferus cauli foliifero similis, sed
sæpe frigore hiemali correptus perit et a basi superstite
ramos profert; rami angulati, erecti, pilis patentibus,
aculeis et setulis glanduliferis purpureis muniti; racemus
compositus, sæpe elongatus, ramis pedunculisque erecto-
patentibus; calycis segmenta lanceolato-cuspidata, extus
aculeolata glandulosaque, margine cano-tomentosa, fructu maturescente reflexa; petala plana, remota, anguste
elliptica, integra erosave, basi sensim attenuata; mora
mediocris, ovata, densa, ex acinis numerosis, obovatis,

nigris, nitidis, glabris formata ; semina semi-ovata. —
Flores albi, rarius carnei, minores quam in præcedente;
fructus sapidissimi, acidulo-dulces.

Hab. vulgatissime in sylvis montanis (bois de Boudonville,
Fonds de Toul , etc.), et planitiei (bois de Tomblaine, d'Heille-
eourt, etc.), necnon in sæpibus (la Malgrange). Fl. junio
julioque.

B. *Caules acute angulati, faciebus planis vel canaliculatis.*

α *Caule foliifero decumbente.*

9. Rubus rudis *Weih. et N. p.* 91 , *tab.* 40 !

R. racemo composito , ramis valde divaricatis ; petalis anguste ellipticis ; calyce post anthesin reflexo ;
caule foliifero prostrato , glabro, crebre glanduloso-acu-
leolato, æqualiter angulato ; aculeis conformibus ; foliis
ternatis vel quinato-pedatis.

Caulis foliiferus glaber , setulis glanduliferis rigidis
fragilibus munitus, sub sole rubescens , prostratus,
eximie striatus, a basi ad apicem angulatus, faciebus
planis , aculeis conformibus armatus ; aculeis nempe
inæqualibus, e basi lata anguste conicis, omnibus rectis-inclinatis ; folia ternata vel quinato-pedata, inæqualiter grosse et acute serrata, superne glabra, subtus
molliter villosa vel rarius cano-tomentosa ; foliolis obovatis, basi integra sæpius cuneatis, apice longe acumi-

natis, sed non abrupte, lateralibus petiolulatis ; petiolus communis supra planiusculus, patenter villosus, aculeis conformibus rectiusculis, setulisque glanduliferis armatus ; stipulæ petiolares, breves, anguste lineares. — Caulis floriferus sub foliis deciduis serpens ; rami graciles, angulati, erecti, foliis ramealibus omnibus ternatis ; racemus compositus, amplus, villosus, crebre glandulosus, ramis pedunculisque valde divaricatis ; calycis segmenta lanceolato-cuspidata, extus aculeata glandulosaque, margine cano-tomentosa, fructu maturescente reflexa ; petala plana, remota, anguste elliptica, integra erosave, basi sensim attenuata, villosula ; mora parva, ovata, densa, ex acinis numerosis, obovatis, glabris formata ; semina subovata. — Flores rosei ; fructus sapidi.

Hab. haud rarus in sylvis montanis (bois de Boudonville, Fonds de Toul, etc). Fl. junio julioque.

10. Rubus discolor *Weih. et N., p.* 46, *tab.* 20 !

R. racemo composito, compacto, ramis divaricatis ; petalis obovato-orbiculatis; calyce post anthesin reflexo; caule foliifero arcuato-decumbente, piloso, æqualiter angulato; aculeis conformibus ; foliis quinato-digitalis.

α *Genuinus Nob.* Foliis coriaceis, subtus lutescenter cano-tomentosis ; caulibus foliiferis pube micante adpresso vestitis.

β *Villicaulis Nob.* Differt a præcedente caulibus foliiferis patenter villosis; racemo ampliore,
aculeis horrido ; forma ferox **R.** discoloris. *R.*
villicaulis Weih. et N., p. 43 , *tab.* 17.

γ *Argenteus Nob.* Foliis minus coriaceis, lon-
gius acuminatis vel apice rotundato-obtusis,
subtus argenteo-pubescentibus ; racemo laxo,
parum aculeato ; forma umbrosa R. discoloris.
R. argenteus Weih. et N , p. 45, *tab.* 19.

δ *Inermis.* Colitur.

Caulis foliiferus pilosus , in latere soli exposito obs–
cure purpureus , arcuato-decumbens , et longe excurrens, striatus , a basi ad apicem angulatus, faciebus planis , aculeis conformibus armatus; aculeis nempe sub–
æqualibus, longis , pungentibus , basi purpurea dilatata
compressis, abrupte conicis , apice flavis , subrectis;
folia quinato-digitata , coriacea, argute et tenuiter ser–
rata , margine undulata , superne glabra , saturate viridia , subtus cano–tomentosa , venis elevatis, foliolo
extimo suborbiculato, abrupte et breviter acuminato,
basi sæpe angustatæ rotundato , vel rarius emarginato ,
lateralibus ovalibus petiolulatis ; petiolus communis validus, durus, supra planiusculus, villosus et aculeis
conformibus falcatis armatus; stipulæ petiolares, anguste
lineares. — Caulis floriferus conformis ; rami ad basin
rotundati , ad apicem angulati , erecti , aculeis longis
validis rectis-inclinatis muniti ; foliis ramealibus semper
ternatis ; racemus villoso-tomentosus , glandulis mini-

mis sessilibus adspersus, compositus, amplus, flexuosus, contractus ; ramis subcorymbosis pedunculisque divaricatis ; calycis segmenta ovata, breviter cuspidata, inermia, eglandulosa, lutescenter albo-tomentosa, fructu maturescente reflexa; petala obovato-rotundata, sensim in unguem attenuata, integra, irregulariter plicatula, villosa; mora mediocris, globosa, ex acinis numerosis, rotundatis, nigris, nitidis, glabris formata; semina ovato-rotundata. — Flores rosei, rarius albi; fructus grati saporis.

Hab. ubique in sæpibus, dumetis, sylvis. Fl. junio julioque.

11. RUBUS TOMENTOSUS *Borckh. in Rœmers Bot. mag., non D. C.*

R. racemo composito, angusto, ramis erecto-patulis; petalis anguste obovato-cuneatis; calyce post anthesin reflexo; caule foliifero arcuato-decumbente, glabro, basi angulato, apice canaliculato; aculeis multiformibus; foliis quinato-pedatis, foliolis lateralibus petiolulatis.

    α *Genuinus Nob.* Foliolis basi cuneatis, superne cinereo-tomentosis. *R. canescens D. C. Cat. hort. monsp., p.* 139 ?

    β *Glabratus Nob.* Foliolis basi cuneatis, superne glabris, nitidis.

    γ *Obtusifolius Nob.* Foliolis amplioribus, basi et sæpius apice rotundatis, superne glabris, nitidis. *R. obtusifolius Willd. ex Tratt. Monog. rosac.*

Caulis foliiferus glaber, sed sæpe setulis glanduliferis inspersus, gracilis, elongatus, apice quandoque radicans, sub sole purpurascens, subsimplex, arcuato-deflexus, tenuiter striatus, basi angulatus, dein canaliculatus, subsimplex, aculeis multiformibus, inæqualibus, validis, basi compressa valde dilatatis, inferne rectis vel rectis-inclinatis, superne falcatis aduncisve armatus; folia quinato-pedata, coriacea, vel mollia, inæqualiter et grosse serrata, margine plana, subtus candicanti-tomentosa, venis elevatis; foliolo extimo plerumque obovato-cuneato acuto, nunquam acuminato; lateralibus et mediis basi longe angustatis, petiolulatis; petiolus communis canaliculatus, villosulus, setulis quibusdam glanduliferis et aculeis conformibus aduncis armatus; stipulæ petiolares, anguste lineares.— Caulis floriferus conformis; rami graciles, angulato-canaliculati, erecti, stricti, foliis ramealibus fere semper ternatis; racemus compositus, elongatus, angustus, strictus, compactus, ramis pedunculisque crebre aciculatis erecto-patulis; calycis segmenta lanceolata, breviter cuspidata, inermia, eglandulosa, cano-tomentosa, fructu maturescente reflexa; petala anguste obovata, basi longe cuneata, discreta, apice plicatula et sæpe erosa; mora parva, globosa, ex acinis numerosis, ovatis, glabris, nigris, nitidis formata; semina sat magna, ovato-oblonga. — Flores parvi, albi; fructus.....

(29)

Hab. in sylvis montanis (bois de Boudonville, de Champigneules,
de Haie, Fonds de Toul, etc.). Fl. julio.

Rem. — Le *Rubus tomentosus* de De Candolle, Fl. fr. me paraît
être une variété du *Rubus cœsius* à feuilles blanches-cotonneuses
des deux côtés. Cela me semble ressortir d'une manière évidente
de la description même que De Candolle en donne. Ainsi il attri-
bue à son *Rubus tomentosus* une *tige peu ou point anguleuse*
(*Fl. fr. t. 4. p.* 476) et des *feuilles constamment composées de
trois et jamais de cinq folioles…, les latérales à peine légèrement
pétiolées* (*Fl. fr. Suppl. p.* 545). Ces caractères conviennent au
Rubus cœsius et n'appartiennent en aucune façon au *Rubus tomentosus* de Borckhausen. Du reste, que le *Rubus cœsius* puisse se
rencontrer avec des feuilles tomenteuses des deux côtés, nous en
sommes certain ; M. Soyer-Willemet possède un échantillon recueilli à Toulon et qui offre cette particularité. On doit en être
d'autant moins surpris que le *Rubus dumetorum*, le *Rubus thyrsoideus*, le *Rubus vestitus* la présentent également quelquefois. C'est
là une preuve patente que le vestimentum des feuilles ne peut offrir
aucun caractère distinctif solide, comme le veulent tous les auteurs allemands.

12. Rubus collinus *D.C. Cat. hort. mons., p.* 139.

R. racemo composito vel simplici, ramis erecto-patulis ; petalis ovato-orbiculatis ; calyce post anthesin reflexo ;
caule foliifero arcuato-decumbente, piloso, basi angulato, dein canaliculato ; aculeis multiformibus quinato-
digitatis, foliolis lateralibus subsessilibus.

α *Genuinus Nob.* Foliis superne cinereo-tomentosis.

β *Glabratus Nob.* Foliis superne glabris, obscure viridibus. *R. arduenensis Lej. Fl. Spa.; R. collinus Lej. Comp. Fl. belg.! (ex specim. auth.)*

Frutex multo validior quam præcedens. Caulis foliiferus patenter pilosus, eglandulosus, sub sole rubescens, arcuato-deflexus, longe excurrens, basi angulatus, dein angulato–canaliculatus, tenuiter striatus, aculeis multi–formibus, inæqualibus, pungentibus, basi compressæ valde dilatatis, inferne parvis falcatis, in media parte caulis validis rectiusculis, in superiore aduncis armatus, plerumque ramosissimus; ramis eximie rotundatis, apice tantum angulatis; folia quinato-digitata, coriacea, inæqualiter et argute serrata, margine plana, subtus candicanti-tomentosa, venis elevatis, foliolo extimo sæpius ovato-rotundato, breviter acuminato, lateralibus ovato-oblongis, acutis, subsessilibus; petiolus communis supra planiusculus, villosus, aculeis conformibus aduncis armatus; stipulæ petiolares, anguste lineares.—Caulis floriferus conformis; rami erecti, stricti, validi, ad basin exacte rotundati, versus apicem angulati, villosi, foliis ramealibus sæpius ternatis; racemus simplex vel ramosus, strictus, ramis pedunculisque erecto-patulis, tomentosis; calycis segmenta ovata, breviter cuspidata, albo-tomentosa, eglandulosa exaciculataque, fructu maturescente reflexa; petala ovato-orbiculata, e basi rotundata abrupte et breviter unguiculata, villosula ; mora parva, globosa, ex acinis paucis, globosis, magnis, turgidis, glabris, nigris, nitidis formata ; semina ovata, duplo triplove majora quam in *Rubo tomentoso.*

Detexit in vinetis prope *Laxou* amic. Suard. Fl. julio.

REM. — Les rameaux de la tige stérile étant arrondis à leur base, il ne faut pas les confondre avec la tige elle-même et chercher cette espèce dans la section des *Rubi rotundato-angulati.*

β *Caule foliifero erecto, apice arcuato.*

* *Rami florentes erecti ; foliola infima petiolulata.*

13. RUBUS THYRSOIDEUS *Wimmer Fl. von Schles.* 131.

R. racemo composito vel simplici, elongato, thyrsoideo, ramis erecto-patulis ; calyce post anthesin reflexo ; petalis ovatis ; caule foliifero erecto, apice arcuato, glabro, æqualiter angulato-canaliculato ; aculeis multiformibus ; foliis quinato-digitatis.

α *Candicans Bluff et Fing. Comp., T.* 1, 2 *p., p.* 192. Foliolo extimo obovato-oblongo; panicula angusta, sæpius apud nos simplice. *R. fruticosus Weih. et N., p.* 24. *tab.* 7., *non Lin.; R. candicans Rchb. Fl. exc., p.* 601.

β *Gracilis Nob.* Frutex multo debilior, humilis ; racemo paucifloro ; foliis subtus viridibus vel leviter cano-tomentosis ; forma umbrosa.

γ *Rhamnifolius Bluff et Fing. l. c.* Foliolo extimo

ovato; racemo semper composito, amplo. *R.*
tomentosus Thuill. Fl. Par. p. 253 (*ex spe-*
cim. auth.) ; *R. fruticosus D. C. Fl. fr.* 4., *p.*
475; *R. rhamnifolius Weih. et N., p.* 22, *tab.* 6.

δ *Cordifolius Bluff et Fing. l. c.* Foliolo extimo
orbiculato, cordato. *R. corylifolius Weih. et*
N., p. 21., *tab.* 5.

ε *Pomponius D. C. Prod.* Floribus plenis.

**Frutex omnium maximus. Caulis foliiferus giganteus,
glaber, sub sole purpurascens, erectus sed versus apicem
arcuatus, tenuiter striatus, a basi ad apicem regulariter
angulato-canaliculatus, aculeis multiformibus armatus ;
aculeis nempe subæqualibus, validissimis, basi compressæ dilatatis, rectiusculis vel falcatis ; folia quinato-digitata, inæqualiter et grosse serrata, margine plana, acuminata, superne glabra, opaca,subtus sæpius candicanti-
tomentosa, venis elevatis, foliolis inferioribus et mediis
obovato-oblongis, petiolulatis ; petiolus communis supra
planiusculus, glabrescens, aculeis conformibus validis
aduncis munitus; stipulæ petiolares, anguste lineares. —
Caulis floriferus conformis, ex arcu superne proferens
ramos numerosos, erectos, angulatos, foliis ramealibus
inferioribus certe quinatis ; racemus compositus vel
simplex, sed semper elongatus, strictus, thyrsoideus;
ramis pedunculisque erecto-patulis ; calycis segmenta
ovata, breviter cuspidata, inermia et eglandulosa, viridi-
candicantia, fructu maturescente reflexa ; petala ovata,**

unguiculata, apice integra erosave, irregulariter plicatula, villosa; mora mediocris, globosa, ex acinis parum numerosis, rotundatis, nigris, nitidis, glabris, formata; semina ovata. — Flores albi, vel rosei; fructus acidi.

Hab. var. α hinc inde ad oras sylvarum prope *Heillecourt, Boudonville*, etc.; nec non ad sæpes prope la *Malgrange*; var. γ communis in vinetis prope *Turique*; var. δ apud nos rarissima. Fl. junio julioque.

14. Rubus silvaticus *Weih. et N., p.* 41, *tab.* 15.

R. racemo composito, elongato, folioso; ramis erecto-patentibus; petalis obovato-cuneatis; calyce post anthesin reflexo; caule foliifero erecto, apice arcuato, piloso, basi angulato, dein angulato-canaliculato; aculeis multiformibus valde compressis; foliis quinato-digitatis.

Frutex elegans. Caulis foliiferus pilis rigidis adspersus, sub sole fuscescens, erectus, apice arcuatus, striatus, basi angulatus, versus apicem canaliculatus, aculeis multiformibus armatus; aculeis nempe inæqualibus, validis, basi valde compressæ dilatatis, rectiusculis, falcatis aduncisve intermixtis; folia quinato–digitata, mollia, inæqualiter argute et grosse serrata, superne glabra, subtus puberula et pallide viridia, plana, venis vix elevatis, foliolo extimo ovato, longe acuminato, basi dilatatæ profunde cordato, lateralibus et mediis ovato oblon-gis acuminatis, basi obliqua emarginatis, petiolulatis; petiolus communis supra planiusculus, pubescens, acu-

leis conformibus aduncis munitus ; stipulæ petiolares ,
anguste lineares.—Caulis floriferus conformis; rami elongati, angulati, erecti, foliis ramealibus inferioribus et mediis quinatis ; racemus compositus, elongatus, flexuosus,
sæpe usque ad apicem foliosus ; ramis pedunculisque
patentibus; calycis segmenta lanceolato-cuspidata, parce
aculeolata glandulosaque , viridi-candicantia , fructu
maturescente reflexa; petala obovata, basi longe cuneata,
emarginata , plana , villosula ; mora magna , globosa ,
ex acinis numerosis, glabris, nigris, nitidis formata ; semina ovata. — Flores speciosi, albi ; fructus......

Hab. rarus in sylvis montanis (forêt de Haie), necnon in
sæpibus (Vandœuvre). Fl. julio.

15. Rubus vulgaris *Weih. et N. p.* 38, *tab.* 14.

R. racemo subsimplici, paucifloro, ramis erecto-patulis ; petalis obovato-cuneatis; calyce post anthesin reflexo ; caule foliifero erecto, apice arcuato, patenter
villoso, æqualiter angulato ; aculeis conformibus ; foliis
quinatis.

α *Velutinus Nob.* Caule foliifero eglanduloso, minus armato ; foliolis discoloribus, subtus
cinereo-micantibus ; foliolo extimo orbiculato,
basi integro. *R. macrophyllus* β *velutinus*
Weih. et N., p. 55, *tab.* 12 ; *R. velutinus*
Weih. in Rchb. exsic. n° 785!

β *Glandulosus Nob.* Caule foliifero glandulis bre-

vissimis et sæpe setulis glanduliferis munito,
aculeis validis et crebris armato ; foliolis con-
coloribus ; foliolo extimo ovato , basi sæpius
cordato. *R. radula Weih. et N.?*

Caulis foliiferus patenter villosus , viridis vel sub sole
fuscescens , erectus , apice arcuatus, striatus, a basi ad
apicem angulatus, faciebus planis, aculeis conformibus
armatus ; aculeis nempe inæqualibus, e basi dilatata
compressa conicis , omnibus rectis-inclinatis ; folia quinato-digitata vel quinato-pedata, mollia , inæqualiter et
grosse mucronato-serrata , margine plana , superne glabriuscula vel pubescentia , pallide viridia , subtus molliter villosa, viridia vel rarius cinereo-micantia ; foliolo
extimo suborbiculato ovatove, abrupte acuminato , basi
rotundato vel rarius subcordato ; foliolis lateralibus petiolulatis ; petiolus communis debilis, subherbaceus, supra planiusculus , patenter villosus , aculeis rectis vel
rectis-inclinatis armatus ; stipulæ petiolares, anguste
lineares. — **Caulis floriferus** conformis ; rami subangulati , erecti , aculeis rectis-inclinatis, superioribus lon-
gioribus, parce muniti , foliis ramealibus omnibus ternatis ; racemus plerumque subsimplex et pauciflorus,
laxus, strictus ; ramis pedunculisque erecto-patulis ; calycis segmenta lanceolato–cuspidata, subaciculata et
sæpe glandulosa, viridi-canescentia, fructu maturescente
reflexa ; petala obovato-oblonga, basi longe attenuata,
apice plicatula erosaque, villosa ; mora globosa , ex

acinis numerosis, nigris, nitidis, glabris formata ; semina orbiculato-ovata. — Flores rosei ; fructus....

Hab. apud nos certe haud vulgaris ; var. α in sylvis montanis (Sarrebourg); var. β in sylvis planitiei (bois de Boudonville et de Tomblaine). Fl. julio.

" Rami florentes utroque latere alternatim et horizontaliter patentes ; foliola inferiora sessilia.

16. Rubus fruticosus *Lin. Fl. suec. ed.* 2ª, *n° 444, non D. C., nec Weih et N.*

R. racemo simplici fastigiato, pedunculis patentibus; petalis ovalibus; calyce post anthesin reflexo; caule foliifero erecto, apice arcuato, glabro, æqualiter angulato, faciebus sub petiolis paulisper excavatis et inde subcanaliculatis; aculeis conformibus; foliis quinatis.

α *Plicatus Bluff et Fing. Comp. T.* 1, *p.* 2ª, *p.* 191. Foliis plicatis. *R. plicatus Weih. et N., p.* 13, *tab.* 1, *non Hol. Fl. de la Moselle.*

β *Fastigiatus Bluff et Fing., l. c.* Foliis planis mollioribus ; forma umbrosa. *R. suberectus Anders. in Trans. of lin. societ.* XI, *t.* 16; *R. fastigiatus Weih. et N., p.* 16, *tab.* 2.; *R. nitidus Hol. Fl. de la Moselle, p.* 266!(*ex specim. auth.*

Monstroso-pinnatus.

Frutex speciosus. Caulis foliiferus glaber, glandulis sessilibus inspersus, viridis vel pallide fuscescens, erectus,sed versus apicem arcuatus,striatus, a basi ad apicem regulariter angulatus, faciebus planis, sed sub petiolis paulisper excavatus, aculeis conformibus parce armatus; aculeis nempe subæqualibus, e basi dilatata compressa subulatis, flavis, rectis paululum inclinatis; folia speciosa, quinata, læte viridia, inæqualiter et argute serrata, superne glabriuscula, subtus plus minus villosa, foliolo extimo magno, ovato, longe acuminato, basi cordato; lateralibus ovato-acuminatis vel rhumbeis, infimis minoribus sessilibus; petiolus communis debilis, subherbaceus, supra planiusculus, sed stria notatus, pilis patentibus, glandulis sessilibus et aculeis conformibus parvis falcatis parce munitus; stipulæ pellucido-venosæ, lanceolato-lineares, prope basin petioli insertæ. — Caulis floriferus frigore hiemali correptus summo apice plerumque truncatur, et ex arcu ramos profert alternatim distichos, horizontaliter patentes, angulatos vel angulato-canaliculatos; racemus simplex, laxus, fastigiatus, pedunculis longis, supremo vero brevissimo, subinermibus, erecto-patulis; calycis segmenta ovato-acuminata, villosa, extus viridia sed albo marginata, fructu maturescente reflexa; petala ovalia, abrupte unguiculata, apice integra, villosa; mora parva, globosa, ex acinis subsphæricis numerosis, nigris, nitidis formata; semina æque lata ac longa, latere interiore recto, exteriore rotundato gibboso. — Flores rosei; fructus aciduli.

Hab. in silvis humidis prope Nanceium (bois de Tomblaine) et Lunœvillam (forêt du Mondon). Fl. junio.

REM. 1. —Tous les auteurs français et même Weihe et Nees, dans leur Monographie des Rubus de la Flore d'Allemagne , ont pris, pour le *Rubus fruticosus* de Linné, le *Rubus thyrsoideus* ou quelques-uns peut-être le *Rubus discolor*, mais toujours une espèce à feuilles blanches-tomenteuses en-dessous.Cependant Linné, dans la première édition de la *Flora succica*, n° 409,dit de son *Rubus fruticosus* « folia subtus viridia. » D'un autre côté , suivant Arrhenius (Monog., p. 30), on n'a jusqu'ici trouvé le *Rubus thyrsoideus* ni dans la province de Bahus, ni dans la Sudermanie à Dalaron et Landsort, et il n'indique pas non plus le *Rubus discolor* dans ces mêmes localités, que Linnée cite cependant comme la patrie de son *Rubus fruticosus*. Wahlberg *Fl. Gothob, p.* 54-56 et Fries *Fl. scan., p.* 114 , qui ont étudié les *Rubus* dans les mêmes lieux que Linné , s'accordent sur ce point avec Arrhenius, et leur autorité nous paraît trop imposante , pour que nous n'admettions pas leur opinion.

REM.2.—Les *Rubus plicatus* et *fastigiatus* ne se distinguent l'un de l'autre par aucun caractère important. Les feuilles plissées ou non plissées peuvent tout au plus servir à établir des variétés. Les *Rubus cæsius, dumetorum* et *hirtus* se présentent aussi avec les deux genres de feuilles; et les observations que nous avons faites cette année dans la forêt du Mondon sur le *Rubus fruticosus* ont complétement confirmé nos idées sur le peu de valeur de ce caractère. En effet nous avons vu que, dans la plante exposée au soleil, les feuilles sont toujours fortement plissées ; elles sont planes au contraire, lorsque cette espèce croit dans les lieux couverts.

Rem. 3.—Nous pensons aussi, d'après l'examen que nous avons fait de plusieurs échantillons authentiques de Weihe (*in Rchb. pl. exs. n*° 780 *et* 783) que le *Rubus nitidus* de Weihe et Nees n'est pas autre chose qu'un *Rubus fruticosus* à panicule composée. C'est du reste l'opinion qu'a émise depuis Nees dans la nouvelle édition du *Comp. Fl. Germ.* de Bluff et Fing. Mais cet auteur va plus loin et il rapporte encore au *Rubus fruticosus* le *Rubus affinis Weih. et N.* Nous connaissons cette dernière plante par les échantillons que Weihe en a donnés dans les *pl. exs. de Reichenbach*, n° 781, et par un échantillon incomplet trouvé aux environs de Nancy par M. Suard, et nous croyons qu'elle doit être conservée comme espèce distincte. Elle diffère du *Rubus fruticosus* : 1° par ses tiges plus robustes; 2° par ses aiguillons plus nombreux, plus forts, multiformes, droits à la base, courbés en faux, crochus au sommet; 3° par ses feuilles qui ont la foliole supérieure toujours moins allongée et les inférieures toujours pétiolulées sur les tiges foliifères, (dans les rameaux fleuris, elles sont sessiles); 4° par ses pétioles pourvus d'aiguillons crochus; 5° par sa panicule très-grande, composée; 6° enfin, si nous en croyons Reichenbach (*Fl. exc., p.* 600) et la fig. 36 donnée par Weihe et Nees, par ses fruits à grains très-gros et son calice appliqué. Si nous ne l'avons pas décrite dans ce mémoire, c'est que nous n'avons pu jusqu'ici la retrouver et l'examiner vivante.

§ 2. *FRUTICOSI IDÆI.* — *Folia pinnata; acini in baccam a toro discretam connati.*

17. RUBUS IDÆUS *Lin. Fl. suec. n° 446.*

R. floribus axillaribus et ad apicem ramorum corymboso-fasciculatis; pedunculis primo erectis, dein nutantibus; petalis anguste obovatis; calyce post anthesin patulo, dein reflexo; caule foliifero erecto, ad apicem arcuato, cæsio-pruinoso, tereti; aculeis conformibus; foliis pinnatis.

Caulis foliiferus pruina glauca inspersus, a basi ad apicem exacte teres, erectus sed versus apicem arcuatus et a folio ad folium flexuosus, aculeolis conformibus crebris, rectiusculis, e basi lata, haud compressa, abrupte setaceis obductus; folia ternata vel quinato-pinnata, mollia, plicatula, superne glabra et viridia, subtus arachnoideo-candicantia, foliolo extimo ovato-acuminato, basi cordato; lateralibus ovatis, acutis, sessilibus; petiolus communis subteres, pubescens, aciculis tenuissimis rectis adspersus; stipulæ petiolares, setaceæ. — Caulis floriferus aciculis denudatus, fuscescens, versus apicem ramosissimus; rami erecto-patuli, inermes, sæpe a basi ad apicem floriferi et foliis ternatis muniti; flores axillares et ad apicem ramorum corymboso-fasciculati, pedunculis primo erectis, dein nutantibus; calycis segmenta

lanceolata, longe acuminata, tomentosa, viridia, margine incana, sub anthesi divaricata, fructu maturescente
reflexa; petala anguste obovata, longe unguiculata, remota, plana, venosa, erecta ; staminibus erectis, pistilla
quasi annulo cingentibus; mora mediocris in planta
silvestri, globosa, ex acinis numerosis, angulato-rotun-
datis, coccineis, rarius flavidis, villosis formata ; semina
parvula, semiorbiculata. — Flores albi, parvi ; fructus
sapidissimi, suaveolentes.

Hab. ubique in sylvis montanis. Fl. maio junioque.

TABULA ANALYTICA I

E CAULE FOLIIFERO INSTRUCTA.

I. Caule herbaceo; stipulis ovatis caulinis. Rubi herbacei.

Caule foliifero angulato, prostrato ; foliolis lateralibus subsessilibus.   R. saxatilis.

**II. Caule frutescente; stipulis linearibus, pe-
tiolaribus.**   **Rubi frutescentes.**

§. 1. Foliis digitatis.   R. fruticosi veri.

A Caule foliifero basi tereti, vel rotundato-angulato ; faciebus convexis.
  α Foliolis inferioribus sessilibus.
    Caule æqualiter tereti ; foliis omnibus
    ternatis.   R. cæsius.
    Caule versus apicem angulato-rotundato ;
    foliis plerisque quinatis .   R. dumetorum.
  β Foliolis inferioribus petiolulatis.
    a Caule aculeis validis armato.
    Caule basi tereti , apice angulato-canali-
    culato , glabro ; foliolo extimo orbicu-
    lato.   R. Wahlbergii.
    Caule æqualiter angulato-rotundato , vil-
    loso, setulis destituto ; foliolo extimo
    orbiculato.   R. vestitus.
    Caule æqualiter angulato-rotundato, villo-
    so, setulis glanduliferis obsito ; foliolo
    extimo ovali-rotundato.   R. Lejeunii.
    Caule basi tereti, apice angulato, glandu-
    loso ; foliolo extimo ovato.   R. hirtus.
    b Caule aculeis setaceis obsito.
    Caule æqualiter tereti, glanduloso, villoso,

foliolo extimo elliptico.   R. GLANDULOSUS.

B Caule foliifero acute angulato ; faciebus planis
     vel canaliculatis.

   α Caule decumbente.

     a Foliolis inferioribus petiolulatis; ramis cauli
       conformibus.

       Caule æqualiter angulato, glabro, crebre
         glanduloso; foliolis grosse serratis, sen-
         sim et longe acuminatis.   R. RUDIS.

       Caule æqualiter angulato, piloso, eglan-
         duloso ; foliolis tenuiter serratis, bre-
         viter et abrupte acuminatis.   R. DISCOLOR.

       Caule basi angulato, apice canaliculato,
         glabro ; foliolis grosse serratis, acutis,
         haud acuminatis.   R. TOMENTOSUS.

     b Foliolis lateralibus subsessilibus ; ramis
       cauli haud conformibus.

       Caule basi angulato, apice canaliculato,
         eglanduloso, piloso ; foliolis argute ser-
         ratis, breviter acuminatis.   R. COLLINUS.

  β Caule erecto, apice arcuato.

     a Foliolis lateralibus petiolulatis.

       Caule æqualiter angulato-canaliculato, gla-
         bro ; aculeis multiformibus.   R. THYRSOIDEUS.

       Caule basi angulato, apice canaliculato,
         villoso ; aculeis multiformibus.   R. SILVATICUS.

       Caule æqualiter angulato, villoso ; aculeis
         conformibus.   R. VULGARIS.

     b Foliolis lateralibus subsessilibus.

       Caule æqualiter angulato ; aculeis confor-
         mibus.   R. FRUTICOSUS.

§. 2. Foliis pinnatis.   R. FRUTICOSI IDÆI.

     Caule erecto, tereti, cæsio-pruinoso, acu-
       leis setaceis obsito.   R. IDÆUS.

TABULA ANALYTICA II

E CAULE FRUCTIFERO INSTRUCTA.

I. Toro in discum orbiculatum dilatato. **RUBI HERBACEI.**

  Petalis erectis lineari-oblongis.   **R. SAXATILIS.**

II. Toro in columnam conicam elevato. **RUBI FRUTESCENTES.**

 §. 1. Acinis subdiscretis in toro adhærentibus. R. **FRUTICOSI VERI.**

  A Caulibus floriferis basi rotundato-angulatis.

   α Calyce post anthesin non reflexo ; acinis tur-
    gidis, maximis.

     Calyce fructui adpresso ; mora cæsio-
      pruinosa.   R. **CÆSIUS.**

     Calyce versus maturitatem fructus pa-
      tente ; mora nigra, nitida.   R. **DUMETORUM.**

   β Calyce post anthesin reflexo ; acinis medio-
    cribus vel parvis.

   a Foliis ramealibus mediis quinatis.

    Foliolis (1) rotundatis ; petalis obovato-
     cuneatis.   R. **WAHLBERGII.**

   b Foliis ramealibus omnibus ternatis.

    * Ramis florentibus aculeatis.

    Foliolis rotundatis; petalis orbicula-
     tis.   R. **VESTITUS.**

    Foliolis ovalibus, abrupte acuminatis;
     petalis obovato-cuneatis.   R **LEJEUNII.**

    Foliolis ovalibus sensim acuminatis;
     petalis lineari-ellipticis.   R. **HIRTUS.**

    ** Ramis florentibus aciculatis.

---

(1) De foliolis extimis foliorum ramealium agitur.

Foliolis ellipticis; petalis obovato-cuneatis. R. GLANDULOSUS.

B Caulibus floriferis acute angulatis, faciebus planis vel canaliculatis.

α Calycibus extus cinereo vel cano-tomentosis;
ramis florentibus erectis.

a Foliis ramealibus omnibus ternatis.

* Ramis floriferis flexuosis; pedunculis divaricatis.

Foliolis rhumboideis; petalis lineari-
ellipticis. R. RUDIS.

Foliolis ovato rotundatis; petalis obovato-orbiculatis. R. DISCOLOR.

** Ramis floriferis strictis; pedunculis
erecto-patulis.

Foliolis obovato-rotundatis acuminatis;
petalis obovato-cuneatis. R. VULGARIS.

Foliolis rhumboideo-cuneatis acutis;
petalis anguste obovatis. R. TOMENTOSUS.

Foliolis obovatis acutis; petalis ovato-
orbiculatis. R. COLLINUS.

b. Foliis ramealibus inferioribus quinatis.

Foliolis obovatis; petalis ovatis. R. THYRSOIDEUS.

Foliolis subcordato-ovatis; petalis obovato-cuneatis. R. SILVATICUS.

β Calycibus extus viridibus, albo marginatis;
ramis florentibus distichis, horizontaliter patentibus.

Foliis ramealibus ternatis; ramis strictis. R. FRUTICOSUS.

§ 2. Acinis in baccam a toro discretam connatis. R. FRUTICOSI IDÆI.

Acinis villosis; ramis inermibus, tan-
dem nutantibus. R. IDÆUS.